I VEGETALI NELL'ALIMENTAZIONE

GIAN CARLO TAROZZO

SOMMARIO

- Igiene dell'alimentazione
- Le principali vitamine
- Le sostanze minerali
- La frutta nell'alimentazione
- Le verdure nell'alimentazione
- Le spezie nell'alimentazione
- I cereali nell'alimentazione
- Gli infusi più comuni

IGIENE DELL'ALIMENTAZIONE

Per un normale accrescimento e per una vita fisicamente e mentalmente attiva occorre una alimentazione che fornisca l'energia necessaria per esplicare le diverse attività fisiologiche, mantenendo costante la temperatura corporea, apporti le sostanze necessarie per la crescita e per regolare i processi fisiologici che si svolgono nell'organismo.

Il fabbisogno energetico del nostro organismo viene soddisfatto con l'ossidazione dei glucidi (zuccheri), dei lipidi (grassi) e, secondariamente, dei protidi (proteine). Le altre funzioni sono espletate, invece, dai protidi, dalle vitamine e dai minerali.

I fabbisogni energetici dell'uomo e della donna sono definiti dalla introduzione di calorie necessarie e sufficienti per coprire le perdite dell'individuo, e sono stabiliti sommando i valori calcolati per 8 ore di lavoro moderato, 8 ore di riposo a letto, 4-6 ore impegnate in una attività fisica leggera, ed infine 2 ore dedicate alla marcia, allo sport o a lavori in casa.

Per una media di 40 Kg. di peso corporeo della donna e 46 Kg. per l'uomo, si hanno rispettivamente 2200 Kcal. e 3000 Kcal. al giorno. Per l'aumento di un grammo di peso corporeo sono richieste 2,5 Kcal., per cui nel periodo dell'accrescimento il fabbisogno energetico deve soddisfare anche queste esigenze.

L'attività fisica influenza notevolmente il consumo energetico e a seconda del tipo di attività si hanno delle variazioni notevoli di energia consumata.

Il ruolo principale delle proteine nella alimentazione è quello di fornire gli aminoacidi essenziali e l'azoto necessari per produrre le proteine proprie dell'organismo, permettendo in tal modo sia l'accrescimento sia la riparazione delle perdite che continuamente si verificano a carico dei tessuti. La quantità di proteine introdotta che eccede i fabbisogni plastici viene utilizzata a scopo energetico, e analogamente se l'apporto di glucidi e lipidi è insufficiente, una parte delle proteine della dieta viene utilizzata per la produzione di energia.

Le proteine animali come quelle del latte, delle uova, della carne e del pesce, sono di qualità migliore rispetto alle proteine vegetali perché vengono assorbite in proporzione più elevata (circa il 90%) rispetto a quelle di origine vegetale (circa l'80%).

Una dieta equilibrata dovrebbe fornire per ogni kilogrammo di peso corporeo circa un grammo di protidi, un grammo di lipidi e il resto, necessario per soddisfare il fabbisogno energetico, sotto forma di glucidi. Normalmente il 10% delle calorie è fornito dai protidi, il 25% dai lipidi e il 65% dai glucidi.

I glucidi (carboidrati) costituiscono le sostanze più facilmente utilizzabili per il fabbisogno energetico, esercitando un'azione di risparmio sul consumo delle proteine ed evitano un eccessivo accumulo di corpi chetonici nell'organismo. I lipidi, d'altra parte, sono gli alimenti con potere calorico più elevato e possono fornire grandi quantità di energia senza l'ingestione di notevoli quantità di alimenti.

In loro assenza i cibi sono meno graditi al gusto e, sostano meno a lungo nello stomaco, sono meno idonei a determinare il senso di sazietà. Inoltre essi veicolano le vitamine liposolubili e apportano gli acidi grassi essenziali (linoleico e arachidonico).

LE PRINCIPALI VITAMINE

Il termine vitamina viene applicato ad un gruppo di composti organici che devono essere somministrati con la dieta per il mantenimento della salute, ma che non agiscono fornendo energia; si è accertato che molti di questi composti entrano nella costituzione di enzimi necessari per il metabolismo.

Gli enzimi sono delle sostanze organiche prodotte dalle cellule viventi sia animali che vegetali in grado di agire come catalizzatori, ossia di permettere le reazioni chimiche.

VITAMINA A

La vitamina A o retinolo è liposolubile e insolubile in acqua, sensibile alla luce e facilmente ossidabile. L'organismo umano può convertire in vitamina A il Beta-carotene e altri caroteni che pertanto sono considerati come "provitamine".

Questa vitamina ha un ruolo importante nel mantenere l'integrità strutturale degli epiteli e rappresenta il gruppo prostetico dei pigmenti visivi dei coni e dei bastoncelli presenti nella retina.

La vitamina A è contenuta solo negli alimenti di origine animale, ne sono particolarmente ricchi il fegato, il tuorlo d'uovo, il burro, i formaggi grassi ed alcuni pesci. I caroteni si trovano nei vegetali colorati, specialmente nelle verdure, nelle carote, nei pomodori, nelle albicocche, ecc.

La carenza di vitamina A o di caroteni provoca nell'organismo sintomi di cecità notturna, lesioni oculari, secchezza della congiuntiva, opacamento della cornea, inoltre si verificano lesioni alle mucose, e tendenza alle infezioni, e formazione di calcoli urinari.

VITAMINA B1 O TIAMINA

La tiamina è un composto solubile nell'acqua, insolubile nei grassi, distrutto rapidamente dal calore in soluzione neutra o alcalina ma termostabile in soluzione acida. Rappresenta il gruppo prostetico di numerosi ed importanti enzimi coinvolti nel metabolismo dei glucidi ed è richiesta per la sintesi dell'acetilcolina.

La tiamina si trova principalmente nel lievito, nei cereali,nel riso, nei legumi, nelle nocciole, ed in quantità modesta è contenuta anche nelle verdure, nella frutta, nelle uova e nella carne, specie in quella di maiale.

L'esposizione degli alimenti al calore, nella cottura e nei procedimenti di conservazione, ne distrugge una proporzione notevole. Il fabbisogno di vitamina B1 è in rapporto al consumo di glucidi.

VITAMINA B2 O RIBOFLAVINA

La riboflavina si presenta come una sostanza cristallina giallastra solubile in acqua, insolubile nei grassi, facilmente distrutta dalla luce, sensibile al calore in soluzione alcalina ma resistente all'ebollizione in soluzione acida.

Questa vitamina entra nella costituzione delle flavo proteine, presenti in ogni cellula del nostro organismo e molto importanti in varie reazioni che interessano il metabolismo dei glucidi, degli acidi grassi e degli aminoacidi.

La riboflavina è distribuita ampiamente negli alimenti di origine animale e vegetale, specialmente nel fegato e nei reni, nelle uova, nella carne, nel pesce, nel latte, nel formaggio, nei legumi e nelle verdure.

VITAMINA B6

La vitamina B6 comprende tre diverse sostanze che rappresentano il gruppo prostetico di molti enzimi che intervengono nel metabolismo del glicogeno, degli acidi grassi, e degli aminoacidi necessari per il normale metabolismo cerebrale.

La vitamina B6 è distribuita ampiamente negli alimenti di origine vegetale ed animale, specialmente nel fegato, nella carne e nei cereali. La carenza di vitamina B6 è caratterizzata da neurite periferica, lesioni cutanee e anemia microcìtica.

VITAMINA B12 O COBALAMINA

La vitamina B12 rappresenta un gruppo di composti scarsamente solubili in acqua, facilmente inattivati dalla luce, stabili al calore in soluzione neutra, ma distrutti in soluzione acida o alcalina. La cobalamina costituisce il coenzima di numerosi enzimi coinvolti nel metabolismo degli aminoacidi e forse anche dei glucidi e dei lipidi, inoltre partecipa alla formazione degli acidi nucleici.

Questa vitamina è presente negli alimenti di origine animale mentre è praticamente assente negli alimenti di origine vegetale. Piccole quantità vengono sintetizzate dai batteri intestinali.

Per il suo assorbimento, localizzato a livelli dell'ileo, è necessaria la presenza di un fattore intrinseco secreto dalla mucosa gastrica. La carenza di questa vitamina si manifesta con la comparsa dell'anemia megaloblastica.

VITAMINA C o ACIDO ASCORBICO

L'acido ascorbico è un composto idrosolubile, stabile in soluzione acida a bassa temperatura, ma facilmente inattivato dal calore e per ossidazione che viene favorita dalla luce. Questa vitamina è necessaria per la formazione del collagene, della noradrenalina e facilita l'assorbimento del ferro nell'intestino.

L'acido ascorbico è contenuto principalmente nella frutta e nelle verdure, specie negli agrumi, nei pomodori, nelle fragole e nei cavoli, mentre negli alimenti di origine animale ne sono presenti piccole quantità ed i cereali ed i legumi ne sono privi. La carenza di vitamina C provoca lo scorbuto nell'adulto.

VITAMINA D

La vitamina D è rappresentata da sostanze solubili nei lipidi e insolubili in acqua, stabili al calore, alla luce, agli acidi e alla ossidazione. Questa vitamina aumenta l'assorbimento del calcio nell'intestino e favorisce la calcificazione delle ossa.

La vitamina D può avere origine endogena, mediante l'attivazione nella cute di un precursore con l'esposizione al sole o ai raggi ultravioletti, e una origine esogena con l'alimentazione. E' contenuta in quantità molto scarsa nei cereali, nella frutta, nelle verdure, nella carne, nel latte, e negli oli vegetali.

Il tuorlo d'uovo, il fegato ed il burro ne contengono piccole quantità e solo nei pesci marini se ne riscontrano quantità notevoli. La carenza di vitamina D nella dieta e la scarsa esposizione alla luce solare provocano l'insorgenza del rachitismo nei bambini e dell'osteomalacia negli adulti.

VITAMINA E

La vitamina E è rappresentata dai tocoferoli solubili nei lipidi, insolubile in acqua, resistente al calore e agli acidi, ma sensibile all'ossigeno e alla luce, specialmente alle radiazioni ultraviolette. La vitamina E partecipa al metabolismo del tessuto muscolare e alla eritropoiesi (formazione dei globuli rossi).

I tocoferoli sono ampiamente diffusi negli alimenti, in particolare negli oli ottenuti dalla soia, dal mais e dalle arachidi e nelle uova. La carenza di vitamina E da origine a debolezza muscolare con necrosi focale dei muscoli striati e anemia emolitica.

VITAMINA K

L'attività della vitamina K è espletata da numerose sostanze naturali e artificiali, liposolubili, termoresistenti, sensibili alla luce e agli acidi forti. Il meccanismo di azione di questi composti è ignoto, sono comunque necessari per la sintesi epatica della protrombina e di altri fattori della coagulazione del sangue. La vitamina K è presente in elevate concentrazioni in alcune verdure, specialmente negli spinaci, nei cavoli, nei cavolfiori e nel fegato di maiale, ma le quantità necessarie al fabbisogno del nostro organismo vengono sintetizzate di solito dai batteri intestinali.

VITAMINA P o CITRINA
E' presente solo nel regno vegetale, particolarmente nella paprica e nella buccia del succo di limone, arancia e pompelmo. In minore quantità è presente nella frutta in genere e nelle foglie verdi. Non si conoscono vere e proprie forme di carenza; tuttavia la vitamina P è ritenuta indispensabile per mantenere la resistenza delle pareti dei vasi capillari.

VITAMINA PP o ACIDO NICOTINICO
Abbonda nel regno animale ma è presente, anche se in minor misura, in

quello vegetale. Gli organi animali che ne contengono notevoli quantità sono il fegato, il rene e il muscolo cardiaco. Nei vegetali la si ritrova specialmente nel grano, nell'orzo, nei legumi, arachidi e lieviti.

La carenza di vitamina PP crea disturbi a carico dell'apparato gastroenterico, del sistema nervoso centrale e della cute e mucose. Possono comparire gastriti, enteriti, dermatiti, ulcerazioni della lingua e delle mucose, anemia macrocitica.

LE SOSTANZE MINERALI

Sono rappresentate da sodio, potassio, cloro, calcio, fosforo, magnesio e dai così detti "elementi traccia o oligoelementi", dei quali se ne ritengono essenziali alla vita animale almeno 14 cioè, cobalto, cromo, ferro, fluoro, iodio, magnesio, molibdeno, nichel, rame, selenio, silicio, stagno, vanadio e zinco.

I principali minerali nella alimentazione sono:

CALCIO

Nel corpo dell'adulto vi sono circa 1100 grammi di calcio, il 99% del quale si trova nelle ossa e nei denti a cui conferisce la caratteristica rigidità e resistenza. Il calcio inoltre interviene nella coagulazione del sangue, nella eccitabilità dei nervi e dei muscoli e nella attivazione di molti enzimi. Fra gli elementi più ricchi di calcio figurano il latte ed i formaggi; discrete quantità ne contengono i legumi, i cereali e le verdure che spesso costituiscono la base della dieta in molte popolazioni. Si deve tenere presente che soltanto il 10-40% di calcio introdotto con gli alimenti viene assorbito.

Per l'assorbimento hanno un'azione favorevole l'acido citrico, l'acido tartarico e l'acido ascorbico e una notevole importanza è da attribuire alla vitamina D che ne facilita l'assorbimento intestinale.

FERRO

La quantità di ferro contenuta nel corpo di un adulto è 4-5 grammi e il 75% di esso si trova nella emoglobina del sangue e dei muscoli. Tra gli alimenti contengono ferro la carne, il fegato, le uova, alcune verdure e i legumi.

Tra i fattori che favoriscono l'assorbimento, i più importanti sono rappresentati dalle condizioni delle riserve di ferro nell'organismo e dallo stato di attività del midollo osseo. Un effetto favorevole è espletato anche dalla somministrazione simultanea di acido ascorbico.

La carne aumenta l'assorbimento del ferro presente in altri alimenti. La carenza del ferro provoca l'insorgenza di una anemia ipocromica microcitica.

IODIO

Il corpo di un adulto contiene normalmente 20-50 milligrammi di iodio dei quali circa 8 milligrammi sono concentrati nella tiroide.

Questo elemento entra nella composizione degli ormoni tiroxina e triiodotironina. Gli elementi più ricchi di iodio sono i pesci marini, mentre il contenuto di iodio negli alimenti di origine vegetale e animale è in relazione a quello del terreno in cui sono cresciuti.

La carenza di iodio nella dieta rappresenta il fattore principale nell'insorgenza del gozzo endemico.

FLUORO

Il fluoro si trova in piccole concentrazioni nelle ossa e nei denti ed esercita una protezione notevole contro la carie dentaria.

La principale sorgente del fluoro è l'acqua potabile. Gli alimenti ne contengono in genere quantità molto scarse, salvo i pesci marini ed il the allo stato secco.

La carenza di fluoro predispone alla carie dentaria, mentre un eccesso di fluoro origina la fluorosi dentaria cronica.

NUTRIZIONE, METABOLISMO, RESPIRAZIONE E CIRCOLAZIONE TABELLA MINERALI E VITAMINE: FUNZIONI E PROVENIENZE ALIMENTARI.

SOSTANZA	FUNZIONI	ALIMENTI CHE NE ABBONDANO
CALCIO	Sali delle ossa Tamponi del sangue Attivazione di enzimi	
FOSFORO	Sali delle ossa Tamponi del sangue Attivazione di enzimi	
MAGNESIO	Funzioni nervose normali Sali delle ossa	Semi (noci, nocciole, mandorle, cariossidi)
SODIO	Tamponi del sangue Potenziali di membrana	Prodotti animali (carne)
POTASSIO	Potenziali di membrana Funzioni nervose normali Attivazione di enzimi	Prodotti vegetali
MANGANESE	Attivazione di enzimi Riproduzione normale	Semi (noci, nocciole, mandorle, cariossidi)
FERRO	Molecola dell'emoglobina Attivazione di enzimi	
RAME	Attivazione di enzimi	Ostriche, fegato, cereali
COBALTO	Parte della vitamina B12	Piante verdi (lattuga, spinaci)
IODIO	Parte dell'ormone tiroideo	Alghe marine costiere, Sali iodati
SOLFO	Parte di alcuni aminoacidi	Carne, pesci, fave, fagioli

	Parte dell'insulina	
ZINCO	Attivazione enzimatica	Tutti gli alimenti
FLUORO	Calcificazione dei denti	Molte acque minerali, pesci, carne, molti prodotti vegetali
VITAMINA A	Visione notturna Pelle normale	Pigmenti gialli dei vegetali, grassi vegetali e animali
VITAMINA D	Formazione delle ossa	Oli di pesce
VITAMINA E	Riproduzione normale	Oli vegetali
VITAMINA K	Coagulazione del sangue	Foglie di piante
TIAMINA (VITAMINA B1)	Enzimi	Semi , cariossidi , rene
RIBOFLAVINA (VITAMINA B2)	Enzimi	Semi , pesci , uova
NIACINA (ACIDO NICOTINICO)	Enzimi	Frutta , semi , carne
ACIDO FOLICO	Ematopoiesi	Fegato , cariossidi
ACIDO PANTOTENICO (VITAMINA B3)	Funzioni nervose normali	Carne
BIOTINA	Enzimi	Fegato, noci
PIRIDOSSINA (VITAMINA B6)	Enzimi Formazione di anticorpi	Carne , semi , melasse , lieviti
CIANOCOBALAMINA (VITAMINA B12)	Ematopoiesi	Fegato , rene
ACIDO ASCORBICO (VITAMINA C)	Formazione di sostanza intracellulare Reazioni ossido-riduttive	Frutta , fegato , rene , vegetali

LA FRUTTA NELLA ALIMENTAZIONE

ALBICOCCA (Prunus armeniaca L. – ROSACEE)

Il frutto si consuma fresco ed è anche utilizzato dall'industria conserviera. E' un frutto di alto valore nutritivo: è particolarmente ricca di vitamina A, oltre che delle vitamine B1, B2, PP, B6, C, di zuccheri, di Sali minerali e di numerosi oligoelementi, che ne fanno un potente antianemico.

E' in genere ben tollerata, ma a volte può provocare delle forme di allergia. Consumata fresca è antidiarroica, ma essiccata e preparata come le prugne diventa lassativa. Il succo fresco è un eccellente tonico per la pelle del viso. La mandorla contenuta nel nocciolo è commestibile solo quando è dolce; di solito è invece amara e contiene, in tal caso, una sostanza che genera acido cianidrico, un potente veleno.

Si ricordano molti casi mortali di intossicazione, soprattutto fra i bambini.

E' molto utile nella cura di: Anemia, Convalescenza, Astenia, Nervosismo.

ANANAS (Ananassa sativa L. – BROMELIACEE)

E' un frutto tipicamente tropicale, ricco di glucidi, di vitamine A, B, C, e di numerosi acidi organici e Sali minerali. Contiene un enzima, con le caratteristiche chimiche della pepsina, che accelera la digestione delle proteine.

E' un frutto molto nutriente, disintossicante e diuretico, utile nelle diete dimagranti e valido contro l'arteriosclerosi.

Il succo è efficace per ottenere una bella carnagione.

ARACHIDE (Arachis hjpogaea L. –
PAPILIONACEE)

Le arachidi, o noccioline americane, che
si estraggono dal terreno, sono legumi
gibbosi contenenti 2 o 3 semi; se ne
ottiene un buon olio alimentare, ma si
possono consumare anche direttamente,
tostate.

I tegumenti dell'arachide contengono
sostanze con proprietà vitaminica P
(azione antiemorragica a livello dei
capillari sanguigni).

ARANCIO DOLCE (Citrus sinesi Osbeck)
Contiene le vitamine C, A, B1, B2, PP,
B6, E, zuccheri, acidi organici,
aminoacidi, pectina, Sali minerali. Prima
della completa maturazione, inoltre

quando le sue proprietà raggiungono l'optimum, contiene anche la vitamina P atta a proteggere i capillari sanguigni e a prevenire le emorragie.

La polpa è tonica, antiscorbutica e alcalinizzante. In genere è molto utile a coloro che soffrono di gastropatie e disturbi al fegato; anche i diabetici possono mangiarne benché moderatamente. Risulta valido per: crescita, convalescenza, febbre, fegato, stitichezza, stomaco, demineralizzazione.

BANANA (Musa sapientium L. – MUSACEE)

E' un frutto tropicale la cui polpa contiene il 60% di glucidi, vitamine A, B, C, E e Sali minerali. Questi frutti sono molto nutrienti, anche se non molto facilmente digeribili, e vengono usati pure in farmacia, come aromatizzanti.

CASTAGNA (Castanea sativa Mill. –
FAGACEE)
Le castagne sono controindicate ai
diabetici ed è molto importante non usare
recipienti di ferro per la bollitura.
Contiene glucidi, lipidi, protidi, Sali
minerali, vitamine B1, B2, C. e' molto utile
nella alimentazione come astringente,
tonico e mineralizzante; è indicato per :
astenia, convalescenza, diarrea.

CILIEGIA (Prunus avium L. –
ROSACEE)
La ciliegia essendo un frutto acquoso
risulta poco nutriente nonostante i suoi
zuccheri; apporta tuttavia all'organismo

una notevole quantità di vitamina A, oltre che vitamine del gruppo B e acidi organici.

La mandorla del nocciolo contiene acido cianidrico: non deve, quindi, mai essere consumata.

Questo frutto è consigliato ai soggetti sofferenti di reumatismi e, per le vitamine che contiene, ai bambini e agli adolescenti. Un kg. di ciliegie contengono circa 500 calorie.

Risulta utile per: anemia, crescita, dieta ipocalorica, azione diuretica, stitichezza, litiasi biliare e renale, influenza.

DATTERO (Phoenix dactjlifera – PALMACEE)

E' un frutto tropicale ricavato dalla palma da datteri, la cui polpa risulta ricca di glucidi(70%); contiene anche calcio, magnesio, fosforo, e le vitamine A, B, C, D.

I datteri sono molto nutrienti e perciò consigliati agli anemici e ai convalescenti. Sono pure efficaci nelle affezioni polmonari.

FICO (Ficus carica L. – MORACEE)

E' particolarmente ricco di zucchero, proteine, lipidi, fosforo, calcio e oligoelementi: costituisce un alimento molto nutriente e digeribile. Un tasso elevato di vitamina C, presente, però, solo nel fico fresco, associato alle vitamine A e B, ne fa un ottimo rimedio contro la fatica.

Le proprietà medicinali del fico sono numerose, in generale i frutti hanno una azione lassativa, il latice bianco esce dalla rottura di un ramo o del picciolo di una foglia, è acre e irritante; contiene gli enzimi digestivi e un fermento che coagula il latte; distrugge inoltre calli e verruche.

Le foglie del fico possono produrre, al semplice contatto, reazioni allergiche.

Il fico è indicato per: Astenia, Convalescenza, Crescita, Stitichezza, Verruche, Gravidanza.

FRAGOLA (Fragaria vesca L. – ROSACEE)

E' un frutto che può originare manifestazioni allergiche, ed in tal caso è da evitare il consumo. Contiene vitamina C, Sali minerali, glucidi, proteine e le principali proprietà sono: frutto astringente, calmante, diuretico e tonico. E' indicato per: angina, astenia, convalescenza, litiasi biliare e renale.

LAMPONE (Rubus idaeus L. – ROSACEE)

I costituenti principali sono: acido citrico, vitamina C, zucchero, Sali minerali. Le proprietà più importanti del frutto sono: antiscorbutico, astringente, depurativo, diuretico e tonico.

E' consigliato per angina e astenia.

LIMONE (Citrus limonum L. – RUTACEE)

Il succo contiene acido citrico, acido malico, citrato di potassio e di calcio, glucidi (8%), zuccheri, Sali minerali, vitamina C e P. La buccia in stessa è sconsigliabile per l'alimentazione quando i frutti sono stati trattati con prodotti atti a prolungare la conservazione.

Il limone, grazie alle sue innumerevoli proprietà, risulta molto utile, come del resto l'aglio e il timo, in periodi di epidemia; è anche un buon tonico generale per l'apparato digerente e per l'intero organismo; oltre che un valido antisettico.

Usato esternamente, in caso di malattie infiammatorie della bocca e della gola, può dare eccellenti risultati. In cosmesi il limone gode di notevole apprezzamento: ammorbidisce la pelle delle mani e rinforza le unghie fragili.

Il succo fresco può essere utile quando si lavano i capelli, aggiunto all'acqua, li rende lucenti. Le principali proprietà del limone sono: antiemorragico, antisettico, febbrifugo, rinfrescante e tonico. E' consigliato per favorire la digestione, contro le epidemie, l'influenza, le punture di insetti e i reumatismi.

MANDORLA DOLCE E AMARA

(Prunus amjgdalus B. – ROSACEE)

La mandorla dolce, ricca di olio, proteine e glucidi, oltre che delle vitamine A, B1, B2, PP, B6 e di sostanze minerali, è un alimento ad alto valore nutritivo. Bisogna però mangiarne con moderazione: non più di 12-15 mandorle al giorno.

La mandorla amara, spesso prescritta per le sue proprietà antispasmodiche e sedative, contiene, come la maggior parte dei semi del genere Prunus, una sostanza che genera acido cianidrico a un tasso molto elevato: l'ingestione di 10 mandorle amare, a volte meno, può causare gravi disturbi; 20 possono portare addirittura alla morte.

Le principali proprietà delle mandorle sono: antianemiche, antispasmodiche, emollienti e lassative. Contro l'inizio di ubriachezza è consigliabile mangiare 2-3 mandorle amare.

La mandorla è un frutto consigliato per l'anemia, astenia, convalescenza, crescita e gravidanza.

MELA (Malus communis Poir – ROSACEE)

La mela è uno dei frutti più interessanti per il suo contenuto: oltre all'85% di acqua, contiene il 12% di zuccheri, acidi organici, pectina, vitamina A, B1, B2, PP, C, E.

Il suo profumo è dovuto soprattutto all'essenza contenuta nella buccia; è rinfrescante, per la grande quantità di succo acidulo che fornisce; stimola le ghiandole digestive e protegge le mucose gastriche: coloro che hanno disturbi all'apparato digerente (dispeptici) dovrebbero mangiare, prima di ogni pasto, una mela grattugiata e leggermente scurita tramite breve esposizione all'aria.

La mela dunque è un eccellente alimento che favorisce anche l'assimilazione del calcio; un kilogrammo di mele contengono circa 500 calorie.

Le principali proprietà della mela sono: regolatore intestinale come antidiarroico e lassativo, diuretico, febbrifugo e rinfrescante.

La mela è consigliata per: anemia, astenia, convalescenza, nervosismo, dieta ipocalorica, azione diuretica, stomaco, cuore(con la buccia).

MELONE (Cucumis melo L. – CUCURBITACEE)

Il melone è controindicato per coloro che hanno disturbi all'apparato digerente (dispeptici), e per i diabetici; nonostante la sua scarsa digeribilità, per coloro che non hanno i disturbi citati è un frutto gradevole, rinfrescante, diuretico e lassativo.

E' consigliato per i disturbi al fegato.

MORA (Rubus caesius L. – ROSACEE) E' un frutto aromatico e rinfrescante in genere usato per la preparazione di marmellate. La mora contiene acido salicilico, ossalico, citrico e glucidi.

Le proprietà del frutto sono: astringente, antidiabetico, diuretico e tonico. E' consigliabile contro la stitichezza e per i diabetici, e risulta valido per: ulcera, angina e raucedine.

NESPOLA (Mespilus germanica L. – ROSACEE)

E' un frutto astringente ed efficace per regolare le funzioni intestinali; i frutti freschi sono digeriti bene anche da stomaci delicati.

I principali costituenti sono acidi organici, sostanze peptiche, zuccheri e vitamina C. Le proprietà delle nespole sono astringente e diuretico per cui è consigliabile per diarrea e disturbi allo stomaco.

NOCE (Juglans regia L. – JUGLANDACEE)

La noce è uno dei frutti secchi più nutrienti, perché contiene, tra l'altro, glucidi e protidi, Sali minerali, soprattutto zinco e rame, e le vitamine A, B1, B2, PP e B6.

Sia l'olio di noce sia i frutti stessi, però irracidiscono rapidamente e diventano, allora, indigesti. La pianta è consigliata per combattere la caduta dei capelli e la forfora, ma, essendo dotata di un forte potere colorante, risulta adatta soltanto per le capigliature brune.

Le principali proprietà delle noci sono: antisettico, astringente, vermifugo, cicatrizzante e depurativo. Il frutto è consigliabile per :

astenia, crescita, diabete, diarrea, parassitosi intestinale.

PERA (Pirus communis L. – ROSACEE)

I frutti, al giusto punto di maturazione, sono perfettamente digeribili, comunque, in caso di debolezza gastrica è opportuno farli cuocere.

Le pere sono abbastanza ricche di zuccheri, soprattutto di levulosio, più tollerabile ai diabetici; povere di vitamine, sono però apprezzabili per gli acidi organici, i minerali e la pectina che contengono.

Il tannino le rende un poco astringenti. Il gusto rinfrescante è certamente il loro maggior beneficio. Le principali proprietà del frutto sono: antidiarroico, antisettico, astringente e diuretico.

PESCA (Prunus persica L. – ROSACEE)
La pesca fresca è costituita per l'85% da acqua; e ricchissima di zuccheri; contiene, inoltre, poco olio essenziale, un buon numero di minerali, e le vitamine A, B1, B2, PP, C.

Quando è matura è un frutto energetico, aperitivo e rinfrescante, ben tollerato anche da chi ha lo stomaco delicato.

Le foglie, i fiori e la mandorla del nocciolo contengono una sostanza chimica che libera acido cianidrico, pertanto non si devono mai mangiare.

Le proprietà sono: lassativo, rinfrescante, vermifugo e sedativo. Sono consigliate per la stitichezza e le parassitosi intestinali.

SUSINA E PRUGNA (Prunus domestica L. – ROSACEE)

La susina fresca contiene l'84& di acqua, dall'8 all'11% di glucidi, l'1,5% di acidi organici, una quantità notevole di vitamina A, Sali minerali, e un pigmento. La mandorla del nocciolo di susina contiene una sostanza generatrice di acido cianidrico, pertanto è pericolosa e non va mai mangiata.

La prugna secca, tanto spesso, purtroppo, colorata artificialmente, contiene un tasso più elevato di glucidi:

fino al 60%, diventa, così, un alimento di grande valore nutritivo, tonico e depurativo, oltre ad essere un lassativo di millenaria, ottima reputazione, troppo spesso dimenticato ai giorni nostri.

Le proprietà principali sono: febbrifugo, lassativo, depurativo,stimolante e tonico.

Prugne e susine sono consigliate per il fegato e contro la stitichezza.

UVA (Vitis vinifera L. – VITACEE)

Le utilizzazioni dietetiche e terapeutiche di questo frutto sono numerose. L'uva fresca contiene: l'82% di acqua, il16% di glucidi, circa l'1 % di proteine, molto potassio e le vitamine A, B1, B2, PP e C. L'uva secca, molto ricca di zuccheri (circa il 70%), conserva una buona parte della vitamina A e quelle del gruppo B.

E' un alimento molto energetico, antianemico e facilmente digeribile, in quanto i suoi zuccheri sono direttamente assimilabili; è consigliata in caso di sforzo fisico e intellettivo particolarmente intenso, anche perché non provoca nell'organismo un sovraccarico proteico, in più ha una azione depurativa e disinfettante.

L'uva nera, per il suo contenuto di pigmenti (gli antociani), è un vaso-protettore; una delle migliori cure depurative consiste nel consumare giornalmente, per la durata di due settimane, da uno a due chilogrammi di uva fresca.

I vini attualmente in commercio spesso non sono, purtroppo, del tutto genuini ed il suoi succo di spremitura dell'uva, a volte, non è altro che una sostanza di base per tutta una lunga catena di operazioni chimiche. Le proprietà principali dell'uva sono: antianemico, antiemorragico, antisettico, astringente, depurativo, diuretico, lassativo e vaso costrittore.

Il frutto è consigliabile per: anemia,astenia, convalescenza, fegato, dieta ipocalorica, azione diuretica, gotta, stitichezza, gravidanza, ipertensione arteriosa, litiasi renale e biliare, carenza di vitamina D.

Un kilogrammo di uva contiene circa 900 calorie.

LE VERDURE
NELL'ALIMENTAZIONE

AGLIO (Allium savatium L. – LILIACEE)
L'odore particolare dell'aglio e la maggior parte delle sue proprietà sono dovute alla presenza, nel bulbo, di una essenza solforata, il cui principio attivo, l'allicina, è antisettico.
Il bulbo contiene inoltre. Enzimi, ormoni sessuali, vitamine A, B1, B2, PP, C, Sali minerali e oligoelementi. Il succo fresco dell'aglio ha un'azione antisettica più forte che l'essenza isolata e combatte lo sviluppo di numerosi germi patogeni.
L'allicina volatile, agisce anche a distanza.
Le proprietà dell'aglio sono: antidiabetico,antisettico, callifugo, diuretico e vermifugo. E' particolarmente indicato per: circolazione, cuore, diarrea,

epidemie, gotta, ipertensione arteriosa, litiasi renale e biliare, parassitosi.

ASPARAGO (Asparagus officinalis L. – LILIACEE)

Il germoglio dell'asparago (turione) si consuma giovane e contiene un gran numero di sostanze: vitamine A, B1, B2, aminoacidi, numerosi oligoelementi, ecc. L'asparago, alimento diuretico, è sconsigliato ai sofferenti di gotta, di litiasi e di reumatismi, è bene tener presente, inoltre, che, consumato crudo, provoca spesso reazioni allergiche.

La principale proprietà dell'asparago è di favorire la diuresi mediante stimolazione diretta del rene. E' consigliato inoltre per l'anemia, il fegato, l'intestino e l'influenza.

BARBABIETOLA ROSSA (Beta vulgaris L. – CHENOPODIACEE)

La barbabietola rossa ha un reale valore nutritivo ed energetico: contiene zuccheri, soprattutto saccarosio, pigmenti (i veterinari addetti al controllo delle carni macellate, appongono il timbro di ammissione al consumo intingendolo su un tampone imbevuto di pigmenti rossi della barbabietola), numerosi aminoacidi, le vitamine A, B1, B2, PP, C, sali minerali e rari oligoelementi, come bromo, manganese, litio, stronzio e rubidio. Risulta quindi un ortaggio molto digeribile ma deve essere consumato fresco. Soprattutto all'inizio dell'inverno, è consigliabile consumare la barbabietola rossa: quest'ortaggio si è rilevato efficace nella profilassi delle affezioni virali.

Le proprietà principali sono: antisettico e mineralizzante; è consigliato inoltre per astenia, epidemie e fegato.

BIETOLA (Beta vulgaris L. – CHENOPODIACEE)

Le varietà di bietola che oggi si coltivano offrono alla nostra alimentazione soprattutto la bianca nervatura centrale della foglia.

La bietola è un ortaggio ad alto contenuto di acqua e poco saporoso, ma la sua ricchezza di ferro e di vitamine ne fa un alimento molto utile.

Le principali proprietà sono: antiemetico, lassativo e rinfrescante. E' consigliata per l'anemia, la stitichezza, la crescita ed i reni.

CARCIOFO (Cynara scolymus L. – COMPOSITE)

L'efficacia terapeutica di questa pianta è notevole, in quanto, ci si è resi conto del suo elevato valore nella cura delle affezioni epato-biliari, è stata messa a punto anche una terapia basata sul carciofo: la cynaroterapia.

Il carciofo è permesso anche nella dieta dei diabetici. Una volta cotto si altera rapidamente, sviluppando tossine; pertanto deve essere consumato subito. E' bene, inoltre, sapere che è tanto più digeribile quanto meno a lungo è stato cotto. E' sconsigliato alle donne che allattano.

Le proprietà principali sono: antidiarroico, coleretico,depurativo e diuretico.

E' consigliabile per colesterolo, diabete, fegato, gotta e infiammazioni della vescichetta biliare.

CAROTA (Daucus sativus H. –
OMBRELLIFERE)

La fitoterapia impiega la radice fresca
della carota in quanto contiene notevoli
quantità di carotene, sostanza che
impone la colorazione rossa alla radice
della pianta stessa.

L'organismo umano trasforma il carotene
in vitamina A. la carota contiene inoltre, le
vitamine B1, B2, PP, B6, D, E, numerosi
oligoelementi, protidi e pochi lipidi, per cui
risulta un ortaggio molto salutare.

Cruda, grattugiata, o come succo, è
particolarmente indicata per bambini,
adolescenti, convalescenti, donne incinte
e anziani.

Le proprietà della carota sono:
antianemico, antisettico, antidiarroico,
diuretico, lassativo e vermifugo.

E' consigliata per: anemia, astenia, crescita, diarrea, epidemie, fegato, intestino, parassitosi intestinale, stitichezza, stomaco.
E' inoltre molto usata nella preparazione di creme abbronzanti in quanto la carota accelera notevolmente l'abbronzatura.

CAVOLO (Brassica oleracea L. – CRUCIFERE)
il cavolo è un ortaggio molto diffuso e molto apprezzato come alimento. Quanto è stato scoperto sulla sua composizione chimica non permette, tuttavia, di spiegare completamente la sua azione terapeutica: il cavolo è composto, infatti, per circa il 92% di acqua, e, come altri ortaggi della famiglia delle Crucifere, contiene un po' di essenza solforata, dall'1 al 4 % di protidi, lo 0,3 % di lipidi,

dal 5 al 7% di glucidi, oltre a minerali
come fosforo, calcio, iodio, ecc.
e' invece rilevante la presenza di vitamine
del gruppo C: dallo 0,05 allo 0,08 %,
molto meno quella delle vitamine A e B.
le proprietà di questo ortaggio sono
innumerevoli, la sua azione antiscorbutica
è nota da lungo tempo: i crauti, infatti,
entravano nell'alimentazione del
personale di bordo, sulle navi, per
prevenire lo scorbuto marino.
Bisogna tenere presente che il più
salutare, tra i cavoli, è quello rosso, da
consumare crudo, o anche cotto, in caso
di intolleranza. Altre proprietà del cavolo
sono: antianemico, antidiarroico,
antiscorbutico, diuretico e vermifugo.
E' indicato per: anemia , astenia, diabete,
diarrea, fegato, gotta, parassitosi
intestinale, reumatismi, scorbuto.

CETRIOLO (Cucumis sativus L. – CUCURBITACEE)

Il cetriolo ha sempre suscitato, come alimento, il sospetto dei medici e dei dietologi, infatti, essendo composto per il 95-97 % di acqua, è certamente la meno nutriente tra le verdure crude, pur contenendo, tra le altre, le vitamine A e C, e pur essendo in grado di fornire ferro, manganese, iodio e tiamina.

La buccia deve il suo sapore amaro ad alcune sostanze che sono tossiche. Il cetriolo se mangiato crudo, è indigesto, tuttavia offre i vantaggi di un alimento rinfrescante e diuretico.

CICORIA (Cichorium intybus L. – COMPOSITE)

E' una pianta perenne i cui fiori, di colore celeste si schiudono al mattino e si richiudono nel pomeriggio. Contiene un lattice bianco fortemente amaro ed è consigliabile raccogliere le foglie prima della fioritura, poiché, in seguito non sono più commestibili.

Coltivata negli orti ha dato origine a numerose varietà orticole commestibili, come per esempio, il radicchio e l'indivia, che sono meno amare della specie da cui derivano, ma che posseggono principi attivi meno efficaci.

I costituenti della cicoria sono: Sali minerali, glucidi, lipidi, protidi, vitamine B, C, P, K, aminoacidi e inulina un glucoside amaro.

Le principali proprietà sono: depurativa, diuretica, febbrifugo, lassativa e tonica.

E' consigliata per: anemia, astenia, diabete, fegato e stitichezza.

CIPOLLA (Allium cepa L. – LILIACEE)
Attualmente la cipolla è, forse, l'ortaggio da condimento più importante della cucina europea mediterranea. Se ne coltivano innumerevoli varietà, dal tipo dolce e grosso (di Spagna) al tipo che da bulbi piccoli (cipolline che si mettono sottaceto), al tipo detto cipolla d'inverno (con bulbo allungato e ciuffi di fiori giallo-verdastri).

Fresca, contiene molta acqua, glucidi, lipidi, protidi, Sali minerali, numerosi oligoelementi, zolfo, le vitamine A, B1, B2, PP, B6, C, E e flavonoidi.

Il sapore piccante della cipolla, è dovuto alla presenza di un olio volatile analogo a quello dell'aglio. E' in generale un ortaggio di grande valore ma è sconsigliato ai dispeptici(coloro che hanno disturbi all'apparato digerente), a chi sanguina facilmente ed ai soggetti irritabili.

La cipolla d'inverno viene solitamente usata in cucina, fresca e verde, in sostituzione dell'altra cipolla, il suo aroma però è più accentuato ed è anche meglio tollerata dalle persone delicate di stomaco.

Le proprietà principali della cipolla sono: antiscorbutica, antisettica, cardiotonica, diuretica, lassativa e per uso esterno callifuga.

E' inoltre consigliata per: astenia, diabete, parassitosi intestinale, reumatismi, stitichezza, calli e verruche.

FAGIOLO (Phaseolus vulgaris L. – PAPILIONACEE)

Il fagiolo ha prodotto numerose varietà orticole, mentre un tempo era conosciuto soprattutto come legume secco di facile conservazione, oggi sono molto diffusi i fagioli da consumare freschi, con tutto il baccello. Sono questi i fagiolini o cornetti, tanto comuni nell'alimentazione estiva, sono un buon alimento, sebbene povero di calorie, è ricco però di una sostanza correttrice dei disturbi metabolici, protettrice del tessuto epatico e fortificante del cuore; contiene inoltre numerosi aminoacidi, le vitamine A, C, E e tutte quelle del gruppo B, sali minerali e oligoelementi.

Il seme crudo del fagiolo contiene una sostanza che riporta a normalità il tasso di globuli bianchi nel sangue in caso di caduta patologica causata da assunzione di certi antibiotici.

I fagioli secchi, molto nutrienti, sono assai più digeribili se cucinati senza grassi e conditi, piuttosto, con aromi appropriati come la salvia.

Le proprietà del fagiolo sono: depurativo, diuretico, tonico, ed è consigliato per i convalescenti ed i diabetici, per il fegato e i reumatismi.

LATTUGHE (Lactuca sativa L. – COMPOSITE)

Le varietà di lattughe sono innumerevoli e si possono distinguere in tre gruppi: lattughe d'inverno, lattughe d'estate e lattughe di primavera.

Contengono il 95 % di acqua, pertanto sono un alimento di ben scarso valore nutritivo, tuttavia sono rinfrescanti e stimolano l'appetito.

Non bisogna dimenticare che contengono vitamine, minerali e oligoelementi, specialmente iodio, nichel, cobalto, manganese e rame.

Tutte le lattughe, spontanee o coltivate, contengono un succo lattiginoso, il lactucarium che è una sostanza complessa che esercita un'azione analgesica, sedativa ed ipnotica.

Le insalate di lattughe sono dunque salutari se consumate durante il pasto serale, specialmente nelle persone nervose o che soffrono d'insonnia.

LENTICCHIA (Lens culinaris Med. – PAPILIONACEE)

La lenticchia è un vegetale ad alto valore nutritivo, infatti 100 grammi di lenticchie equivalgono sul piano calorico a 215 grammi di carne, o a circa 118 grammi di pane integrale.

E' ricca di fosforo, ferro e vitamine del gruppo B.

I dispeptici (coloro che hanno problemi digestivi) dovrebbero consumare le lenticchie sempre sotto forma di farina.

MELANZANA (Solanum melongena L. – SOLANACEE)

Il valore nutritivo di questo ortaggio è trascurabile, mentre è notevole il suo interesse terapeutico.

Le parti verdi della pianta contengono alcaloidi e sono tossiche, come nella maggior parte delle solanacee.

Il frutto contiene saponine, mentre la caratteristica buccia viola, rosa o bianca, contiene pigmenti, acidi organici ed un alcol.

La melanzana cotta con la buccia e senza grassi, può essere consigliata per la cura dell'insufficienza epato-biliare.

La melanzana per cui risulta diuretica e lassativa, consigliabile per il colesterolo, il fegato e la stitichezza.

OLIVE (Olea europaea L. – OLEACEE)

Le olive contengono oltre all'acqua: olio, glucidi, protidi e numerosi minerali soprattutto calcio, acidi organici e le vitamine A, B1, B2, PP.

L'olio di oliva è un alimento prezioso quando è ottenuto correttamente, purtroppo i frutti in commercio subiscono spesso lavaggi chimici che distruggono alcuni importanti elementi.

Il potere nutritivo delle olive nere è maggiore di quello delle olive verdi. Dal punto di vista dietetico e medicinale, soltanto l'olio di oliva estratto per pressione a freddo è valido in quanto è molto digeribile crudo e può essere sostituito a tutte le sostanze grasse alimentari, non possiede però le proprietà ipocolesterolemizzanti degli oli di mais e di girasole.

Le proprietà principali sono come diuretico e lassativo e sia l'olio che le olive sono indicate per il diabete, la diuresi, il fegato, la litiasi, la stitichezza e l'ulcera.

PATATA (Solanum tuberosum L. – SOLANACEE)

Le patate sono un alimento perfettamente digeribile, energetico, adatto a tutti anche ai dispeptici e ai sofferenti di ulcera. Si dovrebbe preferire la cottura al forno o a vapore con la buccia.

Abbastanza mineralizzante, ma meno ricca dal punto di vista nutritivo dei cereali completi quali sono i semi di orzo, di frumento e d'avena, la patata non deve prevalere su questi ultimi in una alimentazione equilibrata.

Non tutti sanno che bisogna diffidare sempre delle parti verdi della pianta, soprattutto degli abbozzi germinativi del tubero e delle bacche non mature, in quanto contengono una sostanza velenosa, la solanina, che può provocare intossicazioni tanto gravi da condurre alla morte.

Le proprietà principali della patata sono: diuretica e cicatrizzante ed è consigliata per le coliche, il diabete, la stitichezza e lo stomaco.

PISELLO (Pisum sativum L. – PAPILIONACEE)

I piselli sono ricchi di glucidi e protidi, contengono inoltre l'1,5% di lipidi ed il 3% di Sali minerali. Sono un cibo molto nutriente quasi quanto lo sono le lenticchie.

 Quando sono essiccati è preferibile sbucciarli, sono comunque sconsigliati ai dispeptici (coloro che soffrono di problemi digestivi) e a chi ha una attività fisica molto ridotta.

I piselli contengono, oltre ai glucidi, ai protidi e al fosforo, le vitamine A, B1, B2, PP, D.

Sono utili per i convalescenti, gli anemici, ma anche coloro che lavorano molto sia manualmente che intellettualmente.

POMODORO (Lycopersicum esculentum Mill. – SOLANACEE)

Il pomodoro è un alimento poco nutriente perché contiene il 93% di acqua, circa il 4 % di glucidi e l'1 % di protidi.

E' comunque un ortaggio molto interessante per il contenuto di acidi organici, di carotenoidi e soprattutto di vitamine A e C le quali sono presenti in massima quantità a maturazione completa del frutto.

Quando quest'ultimo è ancora verde, o appena colorito, contiene un alcaloide la solanina che può renderlo tossico, tossiche del resto sono le foglie ed il fusto.

Il pomodoro non è molto digeribile, soprattutto cotto, perché con la cottura il frutto subisce una riduzione del succo e una concentrazione degli acidi.

In dosi moderate è però rinfrescante e figura nella dieta opportuna per gli artritici.

Le proprietà del pomodoro sono: diuretico, lassativo e rinfrescante, è consigliato per l'astenia, le epidemie, la gotta e la stitichezza.

PORRO (Allium porrum L. – LILIACEE)
Le proprietà dietetiche e diuretiche del porro sono simili a quelle della cipolla, è

diuretico e contiene notevoli quantità di acqua e mucillagine, sono inoltre presenti numerosi Sali minerali e come tutte le altre specie di Allium, zolfo.

Se ben cotto è facile da digerire e le sue proprietà terapeutiche sono numerose e valide.

L'acqua di cottura del porro, poco salata, ha una forte azione diuretica. Il bulbo crudo calma rapidamente il bruciore provocato dalle punture di insetti.

Le proprietà del porro sono antisettico, diuretico e lassativo. E' indicato per: angina, artrite, convalescenza, digestione, diuresi e stitichezza.

PREZZEMOLO (Petroselinum sativum H. – OMBRELLIFERE)

Contiene un'essenza costituita da apiolo, apioside e miristicina (quest'ultima è presente anche nella noce moscata), che sviluppa il caratteristico odore e sapore del prezzemolo.

Le foglie fresche contengono inoltre : un alcaloide volatile, ferro, calcio, fosforo ed un tasso elevato di vitamine A e C.

Il prezzemolo è un fattore importante di equilibrio nutritivo, infatti 5 grammi di prezzemolo forniscono la quantità quotidiana necessaria di vitamina A e 30 grammi quella di vitamina C.

Le proprietà principali risultano essere antianemico, diuretico e sedativo, pertanto risulta indicato per: allattamento,anemia, crescita, digestione, leucorrea, mestruazioni e reumatismi.

RAVANELLO (Raphanus sativus L. – CRUCIFERE)

Da una unica specie di Raphanus esistono due sottospecie che a loro volta contano di numerose varietà orticole, botanicamente indistinte e differenziate soltanto dalle radici.

Privi di valore nutritivo, i ravanelli sono abbastanza indigesti e quindi sconsigliati ai dispeptici, tuttavia risultano benefici per i sofferenti di fegato se somministrati come succo fresco.

Il ravanello rosso è più digeribile se mangiato con le sue foglie che però devono essere masticate bene e a lungo.

Le principali proprietà sono: antiscorbutico e tonico ed è consigliabile per artrite e demineralizzazione.

RUCOLA (Eruca sativa Mill. – CRUCIFERE)

La coltivazione della rucola non è molto diffusa attualmente, benché si tratti di un buon ortaggio aromatizzante e medicamentoso.

La pianta deve il suo sapore piccante e le proprietà toniche ed eccitanti ad un glucoside che genera una essenza solfo cianica.

La rucola risulta tonica, depurativa, digestiva e stimolante ed è consigliabile per l'astenia.

SEDANO (Apium graveolens L. – OMBRELLIFERE)

Le proprietà del sedano coltivato sono le stesse del sedano selvatico, sebbene risultino un poco attenuate nelle parti verdi, d'altronde spesso bianche e nella radice, guadagnando in sapore ed in tenerezza, la pianta ha perduto parte dei principi attivi posseduti allo stato spontaneo.

Il sedano coltivato, poco digeribile se crudo, è ben tollerato una volta cotto. Il succo fresco costituisce una bevanda

antiastenica e antireumatica, contiene
inoltre un tasso elevato di vitamina E,
fattore equilibratore delle funzioni
sessuali.
Le principali proprietà sono: antiastenico,
antireumatico e diuretico.

SPINACIO (Spinacia oleracea L. –
CHENOPODIACEE)
Lo spinacio è ricco di Sali minerali,
contiene anche aminoacidi, le vitamine C,
B1, B2, PP, carotene e glucidi. Per il suo
alto tenore di Sali minerali, ma soprattutto
per gli ossalati che contiene, è un
ortaggio sconsigliato ai reumatici, ai
malati di fegato o di reni, ai diabetici e a
coloro che soffrono di infiammazioni alle
vie digerenti e urinarie.
Le proprietà principali sono: antianemico,
lassativo e mineralizzante, ed è
consigliato per anemia, convalescenza,

crescita, demineralizzazione, ipertensione e stitichezza.

ZUCCA (Cucurbita pepo L. – CUCURBITACEE)

La polpa di zucca ha scarso valore nutritivo perché è povera di protidi e lipidi, oltre che poco zuccherina, tuttavia contiene le vitamine A e C, enzimi e numerosi oligoelementi.

La zucca è ben digeribile se ben cotta, come purea o nelle minestre, tuttavia non è affatto stimolante dell'appetito.

I semi, che sono tossici per i vermi piatti come la tenia e per gli ascaridi, sono innocui per l'uomo.

Le proprietà della zucca sono: lassativa, sedativa e vermifuga.

E' consigliabile nell'alimentazione contro : diarrea, nefrite, parassitosi, reumatismi e stitichezza.

LE SPEZIE NELL'ALIMENTAZIONE

ALLORO (Laurus nobilis L. – LAURACEE)

E' una pianta usata in cucina per profumare intingoli e aromatizzare la selvaggina. E' bene fare attenzione a non confondere le sue foglie con quelle dell'oleandro che sono tossiche.

Con l'aglio, il prezzemolo e altre, fa parte delle piante aromatiche note e usate nelle ricette tipiche dei paesi mediterranei.

L'alloro è dotato di ben altre virtù meno note di quelle di stimolare le papille gustative, infatti è anche un ottimo antisettico, un infuso delle sue foglie aiuta inoltre la digestione.

I costituenti principali della pianta sono. Tannino, un principio amaro e lipidi. Le proprietà sono. Antisettico, sedativo, stimolante e sudorifero, ed è consigliato per astenia, digestione e reumatismi.

BASILICO (Ocium basilicum L. – LABIATE)
La pianta essiccata perde le sue proprietà curative, ed è quindi consigliabile usare il basilico fresco che in dosi opportune risulta stimolante, antispasmodico e sedativo.
Le foglie fresche calmano le irritazioni cutanee.
Il basilico è consigliato per l'astenia, cefalea, raffreddore e nervosismo.

CANNELLA (Cinnamomum zeylanicum N. – LAURACEE)
La pianta della cannella è un albero alto da 5 a 6 metri che si pota come un salice

per fargli assumere una forma cespugliosa.

La corteccia, tagliata dalla pianta in piccoli pezzi, dopo una breve fermentazione emana il caratteristico aroma.

E' una pianta aromatica in genere molto utilizzata nella cucina di moltissimi paesi e risulta astringente e stimolante.

CAPPERO (Capparis spinosa L. – CAPPARIDACEE)

Il cappero cresce addensato ai muri o alle rocce che orna con le sue belle foglie lucide e dai caratteristici fiori bianchi.

Se freschi, non conservati sott'aceto, contengono in misura abbastanza elevata un flavone restauratore delle pareti dei vasi capillari.

Le proprietà del cappero sono: antispasmodico, aperitivo, diuretico e tonico; è consigliabile per l'ulcera e a stimolare l'appetito.

FINOCCHIO (Foeniculum vulgare M. – OMBRELLIFERE)

Il finocchio selvatico comprende molte varietà che producono frutti più o meno dolci, pepati o amari ed una varietà coltivata di cui si mangia la base carnosa delle foglie.

La pianta è ricca di un'essenza costituita principalmente di anetolo, stimolante e digestivo, che è presente in modo più attivo nei semi. I semi si usano per aromatizzare pesce, castagne ed olive, le foglie ed i rami per le carni suine.

I costituenti principali del finocchio sono: olio essenziale, Sali minerali, vitamine A, B, C.

Le proprietà sono: antispasmodico, digestivo, tonico e vermifugo.

E' consigliabile durante l'allattamento e contro la diarrea.

MAGGIORANA (Origanum majorana L. – LABIATE)

La maggiorana è una bella pianta aromatica, dalle foglie vellutate, con fiori minuscoli raccolti in spighe contornate da brattee concave.

La maggiorana coltivata ha proprietà medicinali simili a quelle della maggiorana selvatica e dell'origano.

Risulta un antisettico, antispasmodico e ipotensivo, indicata per astenia, cefalea e nervosismo.

ORIGANO (Origanum vulgare L. – LABIATE)

L'origano ha proprietà medicinali indiscutibili, contenute nelle sommità fiorite che i fitoterapisti usano in quanto svolgono un'azione efficace e stimolante sul sistema nervoso, inoltre ha proprietà antalgica.

I costituenti principali dell'origano sono: olio essenziale, tannino, resina e gomma.

Le proprietà sono: antisettico, antispasmodico e tonico, consigliabile quindi per i disturbi allo stomaco.

PEPE (Piper nigrum L. – PIPERACEE)

Gli arbusti del pepe forniscono la più antica, la più preziosa e la più diffusa tra tutte le spezie.

I frutti sono piccole drupe sferiche, con un solo seme, che da verde si colorano di giallo, poi di rosso a maturazione avvenuta.

Il sapore piccante del pepe è dato dagli amidi che contiene. E' bene evitarne l'abuso in quanto ha effetto sulla mucosa gastrica dapprima stimolante, ma poi congestionante.

E' inoltre irritante per le vie urinarie e contiene circa il 4-9 % di piperina, cui deve il sapore piccante. In dosi limitate è digestivo.

PEPERONCINO (Capsicum annuum L. – SOLANACEE)

I peperoncini hanno scarso valore nutritivo, ma contengono le vitamine B1, B2, PP, C.

Una sostanza detta capsaicina conferisce ai peperoncini il tipico sapore piccante.

Eccedere nel consumo di peperoni piccanti può provocare infiammazioni gastrointestinali e renali.

Le principali proprietà sono: antidiarroico, sedativo, stimolante, antiemetico, antinfiammatorio e tonico.

E' consigliato per astenia, diarrea, vomito e reumatismi.

ROSMARINO (Rosmarinus officinalis L. – LABIATE)

Il rosmarino agisce sul sistema nervoso, stimola gli astenici, rinfresca la memoria debole e restituisce fiducia ai depressi. L'azione terapeutica di questa pianta è praticamente sempre in atto dal momento della sua raccolta, anche grazie al fatto che il rosmarino vive spontaneo sulle colline meridionali mediterranee.

Trapiantato in giardino o nei vasi sul balcone, rimane aromatico ma perde l'efficacia di quello spontaneo.

E' costituito principalmente da. Olio essenziale, acidi organici, glucosidi, saponine e colina.

Le principali proprietà risultano: antisettico, antispasmodico, diuretico, stimolante e tonico.

Indicato per: astenia, convalescenza, cuore, depressione, emicrania, fegato, memoria, nervosismo e sonno.

SALVIA (Salvia officinalis – LABIATE)
E' efficace per curare gli stati di malinconia e calmare le crisi di asma.
Il suo profumo intenso ed il suo gusto sono invitanti, però non bisogna abusarne in quanto la salvia contiene un olio essenziale che assunto in forti dosi, può provocare gravi intossicazioni. E' inoltre controindicata ai temperamenti ipertesi e pericolosa per le donne che allattano.
Le principali proprietà sono: antisettica, antispasmodica, sudorifera e stimolante.
E' indicata ad astenici, convalescenti e diabetici.

GLI INFUSI PIU' COMUNI

CAFFE' (Coffea arabica L. – RUBIACEE)

E' una bevanda che ricopre un ruolo fondamentale nelle abitudini alimentari dell'uomo. Gli effetti più comuni e frequenti che l'ingestione di una tazza di caffè può produrre nell'organismo umano sono: una lieve eccitazione cerebrale,una più rapida ideazione, una maggiore capacità di attenzione e di concentrazione mentale, una più spiccata facilità ai movimenti muscolari, un senso di minore stanchezza, una migliorata capacità digestiva, una sicura azione antagonista alla depressione provocata dall'alcool.

In alcuni soggetti il caffè provoca insonnia, ciò succede a coloro che ne bevono abitualmente quantità ridotte e comunque di sera prima di coricarsi.

Sul cuore il caffè provoca aumento del numero delle pulsazioni ed un certo miglioramento del suo tono muscolare, sul rene sembra abbia un leggero effetto favorente l'azione filtrante di eliminazione, nello stomaco si ha un aumento della secrezione del succo gastrico.

L'azione del caffè non è dovuta alla sola caffeina, che è l'alcaloide più importante dei suoi costituenti, ma in parte, e spesso prevalentemente, agli altri suoi componenti che sono: l'acido cloro genico, il clorogenato di potassio, l'acido caffetannico, ed alcune sostanze grasse.

Il caffè generalmente è controindicato nei soggetti con un sistema neuro-vegetativo labile e facilmente eccitabile, in tali soggetti si possono osservare disturbi di vario genere come palpitazioni cardiache, tachicardia, ansia, ipereccitabilità, insonnia,ecc.

I caffè decaffeinizzati sono ottimi prodotti che non solo sono privi di caffeina, ma anche di quei grassi e di quelle scorie che si producono nella torrefazione; però , considerando che i danni derivati dal caffè non sono sempre dati dalla sola caffeina, non se ne deve esagerare l'innocuità.

La caffeina, nell'individuo normale, non provoca inconvenienti anche nella dose do 0,5 grammi al giorno. La dose massima consentita poi è di 1,5 grammi, considerando che una tazzina di caffè preparata in media con 6-7 grammi di polvere, contiene circa 0,050 grammi di caffeina, e che, aumentando la quantità di polvere, la tazzina può arrivare a contenere 0,1 grammi di caffeina, se ne deduce che si possono bere parecchie

tazzine di caffè senza superare la dose
massima di caffeina.

Nelle coliti e nelle gastriti il caffè,
provocando un aumento dei movimenti
viscerali e delle secrezioni, risulta
dannoso e quindi va eliminato.

Negli individui soggetti a squilibri
circolatori, ed in coloro che sono affetti da
cardiopatie, miocardite, arteriosclerosi,
ipertensione, l'uso del caffè va molto
sorvegliato anche se non del tutto abolito;
nell'ulcera gastroduodenale e negli
spasmi della vescichetta epatica e dei
canali biliari infine esso va assolutamente
soppresso.

Ai diabetici invece pare non derivino
disturbi da un uso moderato della
bevanda.

Se nell'individuo normale l'uso del caffè
risulta innocuo, non altrettanto si può dire
dell'abuso che alcuni ne fanno di esso.

L'abuso porta ad un'intossicazione cronica da caffè che produce pallore, dimagrimento, ansietà, inquietudine, irritabilità e indecisione, tremore alle mani e alla lingua. Inoltre si manifestano palpitazioni cardiache, aritmie, squilibrio del tono vasale con crisi di pallore e di freddo alternate a vampate di calore e di sudore.

CAMOMILLA (Matricaria camomilla L. – COMPOSITE)

Normalmente si prepara un infuso dall'odore gradevole che possiede una blanda azione sedativa.

I soggetti nervosi, anche assumendola in dosi limitate, possono risentire di una eccitazione generale e soffrire di insonnia.

E' importante berla sempre lontano dai pasti.

I costituenti principali sono: un olio essenziale contenente camazulene blu, flavonoidi, cumarina, alcool, acidi grassi, potassio e vitamina C.

Le proprietà principali sono: antinfiammatoria, antisettica, antispasmodica, sedativa e tonica.

E' utile contro la cefalea, l'influenza e le nevralgie.

TE' (Thea sinesi Sims – TERNSTROEMIACEE)

E' una pianta importata in Europa dall'Asia ed utilizzata per la preparazione della nota bevanda.

Il tè contiene teobromina, teofillina e caffeina, spesso in concentrazione più elevata che nel caffè, comunque in seguito alla diversa preparazione delle due bevande, una tazza di caffè contiene sempre più caffeina di una tazza di tè.

Il tè esercita una azione stimolante e benefica sul sistema nervoso, tiene svegli e pronti, stimolando l'elaborazione delle idee.

Subito dopo un pasto favorisce ed accelera la digestione.

L'abuso può dare luogo a sovra eccitazione, palpitazioni cardiache, allucinazioni, ecc.

Molto utile, specie negli ipertesi e nei cardiopatici, è l'azione diuretica esercitata dal tè, grazie alla vasodilatazione renale dovuta alla presenza della teofillina.

I CEREALI NELLA ALIMENTAZIONE

I cereali rappresentano gli alimenti principali per numerose popolazioni a basso livello economico e sociale, ma anche nei paesi più avanzati si calcola che forniscano almeno il 25 % delle calorie nell'alimentazione.

I cereali maggiormente utilizzati sono il frumento, specie nelle regioni a clima temperato o secco, e il riso, in particolare nelle regioni a clima tropicale e umido. Le cariossidi dei cereali hanno una struttura simile, nella quale possono essere distinti: un involucro o corteccia, costituito dal pericarpo, un tegumento o testa ed uno strato di cellule contenenti granuli di aleurone, un grosso endosperma posto centralmente, ed infine un germe o embrione collocato vicino alla base.

Per quanto riguarda la composizione chimica, i cereali contengono circa l'11 % di acqua, il 65-72 % di glucidi, il 2-4 % di lipidi, l'8-13 % di proteine e il 2-9 % di sostanze fibrose resistenti agli enzimi del canale alimentare.

Sono presenti inoltre quantità discrete di vitamine del complesso B, calcio e ferro. Il valore calorico dei cereali oscilla da 310 a 348 kilocalorie per 100 grammi. Le sostanze chimiche, non sono tuttavia distribuite uniformemente nelle varie parti delle cariossidi.

Le sostanze fibrose (cellulosa, emicellulosa e lignina) sono localizzate in prevalenza nell'involucro o corteccia. La percentuale di lipidi, delle proteine, del calcio e del ferro è maggiore nell'embrione, nella corteccia e nello strato di cellule con granuli di aleurone, che nelle parti più interne dell'endosperma.

Anche le vitamine del complesso B sono più abbondanti negli strati più esterni della cariosside e nell'embrione.

La percentuale di glucidi, invece, è più alta nell'endosperma.

Le cariossidi dei cereali vengono impiegate nella alimentazione dopo avere allontanato le parti non digeribili come le sostanze fibrose degli strati periferici, e le parti più ricche di grassi facilmente alterabili per irrancidimento come gli embrioni.

L'endosperma così ottenuto può essere utilizzato intero, come per il riso, oppure sotto forma di sfarinati, cioè dopo macinazione, e di prodotti ottenuti dalla loro lavorazione (pane, paste alimentari, prodotti dolciari, ecc).

FRUMENTO (Triticum vulgare Vill. –
GRAMINACEE)

Il frumento costituisce, nel nostro Paese,
il cereale di maggior consumo
nell'alimentazione sotto forma di sfarinati
utilizzati per la preparazione di pane e
paste alimentari, oltre che di prodotti
dolciari vari.

In seguito alla macinazione delle
cariossidi è possibile ottenere una
separazione quasi completa del germe ed
una serie di farine costituite da particelle
di endosperma sempre più fini e che
contengono quantità molto ridotte di
crusca.

Le proteine del frumento sono costituite in
prevalenza da una mescolanza di
gliadina e glutenina comunemente
denominata glutine.

Gliadina e glutenina si completano per
quanto riguarda il contenuto in aminoacidi
essenziali; la prima è ricca di acido

glutammico, ma è priva di lisina che, invece, è presente nella seconda.

Il glutine, oltre al valore nutritivo, ha una notevole importanza tecnologica perché influisce sulle qualità degli sfarinati agli effetti delle lavorazioni.

Il frumento è un alimento completo. E' necessario sapere che il pane bianco, che oggi tutti consumiamo, non ha tutto il valore nutritivo del frumento intero o solo leggermente abburattato, cioè liberato dalla crusca.

Il pane completo, quello integrale, è il più nutriente, sempre che il frumento provenga da colture non trattate con prodotti chimici antiparassitari e anticrittogamici, solo in questo caso, infatti, è ricco di tutti i suoi costituenti dell'involucro e del germe del cereale.

Il seme del frumento contiene: fino al 75 % di glucidi, dall'11 al 12 % di protidi, dall'1,65 al 2 % di lipidi, dal 2,1 al 2,5 %

di cellulosa, circa il 2 % di sostanze minerali, principalmente potassio, fosforo e calcio.

Il germe contiene: il 25 % di protidi inclusi gli aminoacidi essenziali che l'organismo umano non è in grado di sintetizzare, circa il 47 % di glucidi vari, dal 10 al 12 % di lipidi, lecitina ricca di fosforo (alimento utile ai tessuti nervosi), a tutti questi componenti si associano gli enzimi che ne permettono l'assimilazione.

Il germe contiene inoltre, in concentrazione elevata: fosforo, magnesio, calcio, numerosi oligoelementi, vitamine B1, B2, PP, B6, D, E.

Nei diversi strati di cellule della crusca si trovano numerosi costituenti del germe, nonché sostanze regolatrici del metabolismo dei grassi.

Il frumento è un cibo prezioso da non lasciare in disparte.

Le proprietà principali del frumento sono: antianemico, lassativo, mineralizzante e stimolante. E' indicato per l'anemia, l'astenia, la crescita, il nervosismo e la stitichezza.

MAIS o GRANOTURCO (Zea mays L. – GRAMINACEE)

Il mais viene usato principalmente per l'alimentazione degli animali, ma in alcuni paesi a basso livello economico dell'Africa, del Sud America ed in alcune zone dell'India viene utilizzato ancora in larga misura nell'alimentazione umana diretta.

Questo cereale, infatti, rispetto al frumento e al riso resiste maggiormente alla siccità e da un maggior raccolto per ettaro.

La composizione chimica percentuale è analoga a quella degli altri cereali, ma la sua principale proteina è la zeina che manca di lisina e contiene poco triptofano, l'acido nicotinico disponibile, inoltre, è molto scarso. Per questi motivi una alimentazione prevalentemente di mais è responsabile dell'insorgenza della pellagra.

Attualmente il mais è coltivato nel mondo intero, in Europa soprattutto perché costituisce un buon mangime per il bestiame.

Il mais dolce americano, destinato all'alimentazione umana, e che si consuma da giovane, è gustoso come i piselli, energetico e nutriente ma meno equilibrato rispetto al frumento in quanto rallenta l'attività della tiroide ed agisce come moderatore del metabolismo, per cui non è affatto comparabile al frumento come alimento base esclusivo.

Il germe del mais contiene un olio che, come quello del girasole, ha una azione ipocolesterolemizzante.

Le proprietà del mais sono: analgesico, antiemorragico, diuretico, emolliente; indicato per albuminuria, colesterolo, diabete, gotta, litiasi, nefrite e reumatismi.

RISO (Oryza sativa L. – GRAMINACEE)

Il riso viene consumato di solito come riso brillato, cioè privato delle parti lenticolari e del germe. Con essi viene allontanata, oltre ai grassi, alle proteine e ai Sali minerali, anche la maggior parte della tiamina di cui nell'endosperma è contenuto solo l'8,8 %.

Poiché questo cereale rappresenta l'alimento fondamentale per molti popoli, l'uso del riso brillato ha una notevole importanza sanitaria in quanto predispone all'insorgenza del beri-beri, per carenza di tiamina.

Il riso bianco, mondato e brillato, privato quindi dello strato esterno proteico e del germe, è solo amido e pertanto non deve costituire la base esclusiva di una dieta alimentare.

Invece, il riso greggio è un alimento molto energetico, tuttavia la sua composizione lo mette in posizione arretrata rispetto al frumento, come fattore di equilibrio nutritivo.

Il riso greggio è dotato di numerose proprietà, mentre il riso bianco risulta più digeribile anche se meno nutriente, ed è consigliato ai dispeptici e agli ulcerosi.

Le proprietà del riso sono: antidiarroici, emolliente e ipotensivo.

BIBLIOGRAFIA

Manuale di Igiene
Albano e Salvaggio

(docenti di igiene all'Università di Urbino)

Segreti e virtù delle piante medicinali
A.Chiusoli e G. Goidanich
(docenti di Agraria all'Università di Bologna)

Elementi di botanica
S. Tonzing e E. Marrè
(docenti di Botanica all'Università di Milano)